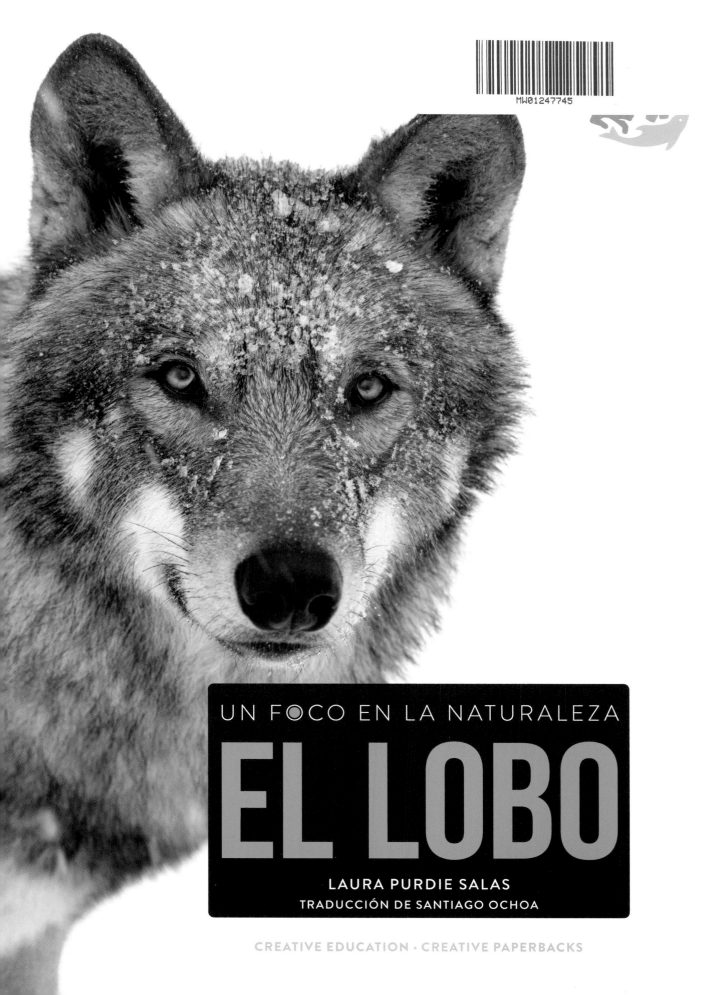

UN FOCO EN LA NATURALEZA

EL LOBO

LAURA PURDIE SALAS

TRADUCCIÓN DE SANTIAGO OCHOA

CREATIVE EDUCATION · CREATIVE PAPERBACKS

Published by Creative Education and Creative Paperbacks
P.O. Box 227, Mankato, Minnesota 56002
Creative Education and Creative Paperbacks are imprints
of The Creative Company
www.thecreativecompany.us

Design by Rhea Magaro; production by Beeline Media & Design, Inc.
Art direction by Tom Morgan
Translated by Santiago Ochoa
Printed in the United States of America

Photographs by Alamy (Adam Jones / DanitaDelimont, H. Mark Weidman
Photography, imageBROKER/W. Rolfes, Glenn Nagel), Getty Images (Jim
Cumming, Adria Photography, PHOTO 24, Martin Ruegner, Daniel Parent,
Raimund Linke, Stan Tekiela Author / Naturalist / Wildlife Photographer,
Picture by Tambako the Jaguar, Patrick J. Endres, imageBROKER/Stefan
Huwiler, John Morrison), Public Domain (NPS/Doug Smith, USFWS),
Shutterstock (photomaster, Ramon Carretero, AN NGUYEN, evanesa,
Giedriius, Jim Cumming)

Library of Congress Cataloging-in-Publication Data
Names: Salas, Laura Purdie, author.
Title: El lobo / Laura Purdie Salas.
Other titles: Wolf. Spanish
Description: Mankato, Minnesota : Creative Education and Creative Paper-
    backs, [2025] | Series: Un foco en la naturaleza | Includes bibliographical
    references and index. | Audience: Ages 10-13 | Audience: Grades 4-6
    | Summary: "Howl along with the wolf's world with our new book for
    mid-level readers, in Spanish. An engaging narrative of a wolf family, cap-
    tivating images, infographics, milestones, and resources make it perfect for
    young nature enthusiasts"-- Provided by publisher.
Identifiers: LCCN 2024003306 (print) | LCCN 2024003307 (ebook) |
    ISBN 9798889894728 (library binding) | ISBN 9781682776957 (paper-
    back) | ISBN 9798889894803 (ebook)
Subjects: LCSH: Gray wolf--Juvenile literature. | Gray wolf--Life cy-
    cles--Juvenile literature. | Wolves--Juvenile literature. | Wolves--Life
    cycles--Juvenile literature. | Gray wolf--Minnesota--Juvenile literature.
Classification: LCC QL737.C22 S2618 2025 (print) | LCC QL737.C22
    (ebook) |
DDC 599.773--dc23/eng20240307

ÍNDICE

LOS LOBOS GRISES

de los Northwoods de Minnesota

Los Northwoods de Minnesota son una vasta región de lagos cristalinos y bosques interminables en el norte de Estados Unidos. El suelo está alfombrado por las hojas y agujas de abetos, pinos, abedules y arces. La tierra está cubierta de rocas arrastradas por antiguos glaciares. La fauna es abundante: colimbos, águilas, zorros, mapaches, osos negros y alces.

Siete lobos grises se reúnen en un frío y soleado día de mayo. La manada está liderada por un macho y una hembra **alfa**. También hay cuatro crías de años anteriores. La última loba es adulta. Es la hermana de la hembra alfa. La familia está a punto de aumentar.

En marzo, cuando el invierno se hizo más suave, la pareja alfa se apareó. Nueve semanas después, la hembra alfa está inquieta. Permanece cerca de la madriguera, que ha sido excavada bajo un árbol. Sabe que adentro hay espacio para ella y los cachorros.

Color de los ojos

Los cachorros abren los ojos cuando tienen unas dos semanas. Todos los cachorros de lobo gris tienen los ojos azules. Poco a poco, el color de sus ojos cambia. La mayoría de los lobos adultos tienen ojos dorados, avellana, café claro o verde pálido.

CAPÍTULO UNO
LA VIDA COMIENZA

Los lobos son miembros grandes y salvajes de la familia de los perros. El ADN de los lobos y los perros de compañía es idéntico en un 99.9 por ciento. Hay muchas especies y subespecies de lobos. Los más grandes pueden llegar a pesar 175 libras (79 kilos). El lobo gris es la especie más conocida. Otras dos son el lobo rojo y el lobo etíope. Además, hay otro animal que solía llamarse chacal dorado africano. Los científicos estudiaron su ADN y descubrieron que es un lobo, por lo que lo rebautizaron como lobo dorado africano.

Los lobos se han adaptado a vivir en muchos hábitats diferentes. Pueden vivir en bosques, montañas, praderas, tundras y desiertos. Los lobos grises viven en partes de América del Norte, Europa y Asia. Los lobos rojos sólo viven en una pequeña región de bosques y humedales en el estado norteamericano de Carolina del Norte. Están casi extinguidos. Los lobos dorados africanos viven en las praderas del norte de África. Los lobos etíopes sólo viven en Etiopía, en praderas en lo alto de las montañas.

HITOS DEL LOBO GRIS

DÍA ①

- Nace.
- Peso: 1 libra (0.5 kg).
- Ciego, sordo y desdentado.
- No puede controlar la temperatura corporal.
- Toma leche 4 o 5 veces al día.

Los lobos son carnívoros. Son depredadores ápice. Excepto los humanos, ningún otro animal caza lobos adultos. Los lobos se alimentan de grandes mamíferos, como venados y alces. También comen pequeños mamíferos, peces y reptiles. Incluso se sabe que comen frutas. Cuando las presas escasean, los lobos pueden cambiar sus hábitos alimentarios.

Los lobos viven en manadas, que son como familias. La mayoría de las manadas tienen entre seis y 10 lobos. Si hay muchas presas, pueden formarse manadas más grandes. Cada manada vive en un territorio. El área puede ser tan pequeña como 75 millas cuadradas (194 kilómetros cuadrados) y tan grande como 3,000 millas cuadradas (7,770 km^2). Los territorios son más pequeños cuando hay muchas presas.

— FAMLIA DESTACADA —

Bienvenido al mundo

Dentro de la madriguera, la loba gris se mueve y se estira. Aúlla de incomodidad cuando nace el primer cachorro. La madre lo lame para limpiarlo, lo que ayuda a la circulación de la sangre del cachorro. Agotada, la madre descansa hasta que nace el siguiente cachorro. Le siguen más cachorros. La madre levanta suavemente a los pequeños cachorros ciegos con sus mandíbulas. Su pelaje es fino. Los acerca a su cuerpo para darles calor. Afuera, los demás no tardan en oír a los cinco cachorros piando y chillando. La manada se mantiene alejada de los recién llegados. Durante aproximadamente un mes, la madre y los cachorros permanecerán solos en la madriguera, donde están seguros y calientes.

Los miembros de una manada tienen fuertes vínculos sociales. Las manadas de lobos cazan juntas, juegan juntas y en ellas se cuidan unos a otros. Se comunican con sonidos, olores y posiciones corporales.

A menudo, sólo el macho y la hembra alfa se aparean. Esto ayuda a asegurar que haya suficiente comida para todos. Una vez al año, la hembra alfa da a luz una camada de cuatro a siete cachorros. Un cachorro de lobo gris pesa sólo una libra (0.5 kg). Es indefenso y totalmente dependiente de su madre. La madre y los cachorros permanecen en la madriguera varias semanas después del nacimiento.

② SEMANAS	③ SEMANAS
▸ Peso: 3.5 libras (1.6 kg).	▸ Aparecen los primeros dientes de leche.
▸ Sus ojos están abiertos, pero no ve bien.	▸ Su vista ha mejorado.
▸ Intenta ponerse de pie.	▸ Se ha desarrollado el oído.

¿Aullando a la luna?

Contrariamente a la leyenda, los lobos no aúllan a la luna llena. Los lobos son activos por la noche, que es cuando la gente los oye. Sin embargo, los investigadores no han encontrado una relación entre los aullidos y las fases de la luna. Los lobos levantan el hocico para aullar. Probablemente lo hacen sólo para que el sonido llegue más lejos.

FAMLIA DESTACADA

La primera comida

En la fría oscuridad, la madre loba gris y sus cachorros se acurrucan juntos. Los recién nacidos están desdentados y no pueden comer alimentos sólidos. Tomar la leche de su madre es la única habilidad que tienen. Durante unas semanas, mientras los cachorros son amamantados, el macho alfa trae carne para su pareja. La leche sustanciosa ayuda a los cachorros a crecer fuertes. Pronto están dando vueltas por la madriguera. El mayor es una hembra. Un día, asoma el hocico afuera de la madriguera. Está lista para explorar.

TAMAÑOS DE FAMILIAS DE PERROS

RAZA	ALTURA AL LOMO
LOBO GRIS	29 pulgadas (74 centímetros)
LOBO MEXICANO	28 pulgadas (71 cm)
COYOTE	18 pulgadas (46 cm)
PUG	12 pulgadas (30 cm)
CHIHUAHUA	7 pulgadas (18 cm)

④ **SEMANAS**

- ▸ Peso: 5 a 6 libras (2.3 a 2.7 kg).
- ▸ Sale de la madriguera y juega cerca.
- ▸ Come carne regurgitada de adultos.
- ▸ Hace aullidos agudos.

PRIMER PLANO
Reuniones

Cuando los lobos aúllan juntos, se dice que hay una «reunión». Una reunión demuestra que una manada es una familia y que juntos son más fuertes. Los aullidos de los lobos pueden oírse a una distancia de tres a siete millas (4.8 a 11.3 km) de distancia.

CAPÍTULO DOS

LAS PRIMERAS AVENTURAS

Los cachorros de lobo abandonan la protección de la madriguera a las pocas semanas de vida. Toda la manada ayuda a cuidarlos. Al menos un lobo niñero se queda con los cachorros mientras los otros lobos cazan. Cuando los cazadores regresan, regurgitan comida para los hambrientos cachorros.

Los cachorros jóvenes son traviesos. Trepan por encima de los demás lobos, incluidos los adultos. Muerden o roen patas y colas. Por suerte, los lobos adultos son pacientes y cariñosos con los cachorros.

Una vez destetados los cachorros, la manada abandona la madriguera. La hembra alfa conduce a sus cachorros al primer punto de encuentro de la manada. Se trata de una especie de base para la manada, cerca de una fuente de agua. Los cachorros permanecen en el lugar con un lobo guardián cuando la manada sale a cazar. Durante los meses de verano, la manada utilizará una serie de puntos de encuentro. Los cachorros en crecimiento se alejan cada vez más de los puntos

 SEMANAS

- Tiene pelo de adulto alrededor de la cara.
- Juega a pelearse con sus hermanos.
- Se aleja de la madriguera, pero encuentra el camino de regreso.

 MESES

- Peso: 16 libras (7.3 kg).
- Destete de la leche materna.
- Tiene pies y cabeza grandes.
- Permanece en el punto de encuentro cuando la manada caza.

de encuentro. Pronto, pueden alejarse de dos a tres millas (3 a 5 km) antes de regresar. La manada seguirá utilizando los puntos de encuentro hasta que los cachorros tengan edad suficiente para unirse a la caza.

Los cachorros de lobo se enfrentan a dos grandes peligros. El primero es la inanición. Durante algunos años, las presas son escasas. La manada podría no ser capaz de cazar lo suficiente para alimentar a todos. El segundo peligro es la caza. En algunos lugares, es legal cazar lobos. Sólo la mitad de los cachorros de lobo sobreviven hasta la edad adulta.

Cuando hay suficiente comida, la manada prospera. Los lobos pasan el día y la noche cazando, comiendo y jugando. Sus inquietantes aullidos recorren el bosque. Cantan juntos como una gran familia.

PRIMER PLANO
Los dedos

Los lobos caminan y corren sobre sus dedos. Una almohadillas suaves bajo los dedos absorben el impacto mientras corren. Esto los ayuda a proteger sus huesos y articulaciones. También le permiten al lobo correr ligero y veloz.

— FAMLIA DESTACADA —

Mira quién sale de la madriguera

La cachorra de lobo gris sale de la madriguera a la luz del sol. Los otros cuatro cachorros siguen a su hermana. Ahora son más grandes y fuertes. Pueden ver y oír, pero aún no tienen dientes. La manada olfatea y lame a los cachorros. Los cachorros pían, chillan y gimen. A medida que descubren el mundo, corren, cavan y luchan. Cuando la mayor parte de la manada sale a cazar, uno o dos lobos se quedan para hacer de niñeros. Cuando los cazadores regresan, regurgitan parte de su comida en el suelo. Una cachorra sorbe la comida líquida.

③ MESES

- ▸ Peso: 25 libras (11.4 kg).
- ▸ Sale de caza con el resto de la manada.
- ▸ Observa los comportamientos de caza.
- ▸ Come carne.

PRIMER PLANO
Nariz

Un excelente sentido del olfato es fundamental para la caza. Mientras el lobo camina, mantiene el hocico pegado al suelo. Puede oler un alce a 300 yardas (274 metros) de distancia. Un lobo tiene alrededor de 280 millones de receptores olfativos. Los humanos tenemos sólo alrededor de 500.

FAMLIA ———— DESTACADA

Inténtalo

Con 12 semanas de edad, la lobezna gris ya no toma leche. Le han crecido los dientes. Cuando la manada caza, ella y sus hermanos la siguen. Observa al macho alfa perseguir a un alce. Lo agarra con sus fuertes mandíbulas y se aferra a él. Otros lobos se unen, y la manada trabaja junta para arrastrar al alce. La manada comienza a alimentarse, pero la cachorra se queda atrás. No sabe muy bien qué hacer. La pareja alfa empuja a los otros a un lado para hacerle sitio. Ella y sus hermanos se amontonan. Arranca tiras de carne y come hasta que su vientre está muy lleno.

LAS MANADAS DE LOBOS CAZAN, COMEN y JUEGAN JUNTAS.

(4) **MESES**

- Pierde los dientes de leche.
- Desarrolla el tamaño, la fuerza y la velocidad necesarios para la caza.

PRIMER PLANO
Caminando

Mucha gente cree que los lobos cazan todo el tiempo. En realidad, los lobos pasan la mayor parte de su tiempo caminando. Caminan hasta ocho horas cada día. A menudo recorren 30 millas (48 km) en un solo día.

CAPÍTULO TRES

LECCIONES DE VIDA

Los lobos grises cazan en manada. Un lobo gris podría cazar solo y sobrevivir comiendo animales pequeños. Entonces, ¿por qué los lobos cazan en grupo? Los expertos creen que es una estrategia que beneficia a los cachorros. Los lobeznos no pueden cazar por sí mismos hasta que tienen alrededor de un año. Hasta entonces, los adultos tienen que capturar comida extra para alimentar a los cachorros de la manada.

Cazar requiere tiempo y energía. Los lobos podrían comer sólo una vez por semana. Cuando hay una matanza, comen una gran cantidad. La caza también es peligrosa. Los lobos suelen cazar animales 10 veces más grandes que ellos. Para atrapar un alce, un lobo se agarrará a su grupa y permanecerá aferrado. La manada se une a la batalla. El enorme alce es poderoso. Patea. Se desvía y se balancea para alejar a los lobos. Un lobo puede estrellarse contra un árbol o aterrizar con fuerza en el suelo. A veces, los alces matan a los lobos.

6 MESES	**1 AÑO**
▸ Peso: 64 libras (29 kg). ▸ Alcanza aproximadamente el 80 por ciento de su tamaño adulto. ▸ El crecimiento se hace más lento. ▸ Participa activamente en la caza.	▸ Ya es un excelente cazador. ▸ Ya ha pasado la edad en que los cachorros son más vulnerables a la muerte y las enfermedades. ▸ Ayuda a cuidar a sus nuevos hermanos y hermanas.

Las manadas son familias unidas, pero los lobos van y vienen individualmente. Los lobos suelen unirse a una pareja de por vida. Sin embargo, sus cachorros no permanecen con la misma manada para siempre. Cuando tienen uno o dos años, los jóvenes lobos adultos se van por su cuenta. Los lobos de dos años son sexualmente maduros. Buscan pareja. Una pareja y sus crías forman una nueva manada.

Los lobos influyen en el medio ambiente. Una población sana de lobos mantiene controlada la población de animales de presa. Esto tiene un impacto en la tierra. Las grandes poblaciones de venados comen mucha vegetación, de modo que los nuevos árboles nunca llegan a ser muy altos. Cuando hay más lobos, hay menos venados. Y cuando hay menos venados, los bosques pueden crecer.

FAMLIA DESTACADA

Así se hace

La lobezna gris está aprendiendo a comunicarse. Chilla cuando quiere jugar. Su hermano la persigue por el bosque. Cuando él no deja de abalanzarse sobre ella, gruñe para decirle: «Basta ya». Cuando él se escabulle y mete el rabo entre las patas, ella se siente fuerte. Mantiene la cabeza y la cola en alto. Un olor llama su atención y se aleja para investigar. Encuentra una marca de olor dejada por el macho alfa. Significa que está en el límite del territorio de la manada. Aúlla para que su familia sepa dónde está.

PRIMER PLANO

Estrategias de caza

Los lobos persiguen su comida. Una vez que un lobo se apodera de una presa, otros miembros de la manada se amontonan e intentan derribar al animal. Los lobos también tienen técnicas más avanzadas. Mientras un lobo persigue a la presa, otros bloquearán las rutas de escape del animal.

---

(2) **AÑOS**

▷ Adquiere el peso de una hembra adulta: 80 libras (36 kg).
▷ Abandona la manada.
▷ Encuentra pareja.

(3) **AÑOS**

▷ Da a luz a su primera camada de cachorros.
▷ Se convierte en la hembra alfa de una nueva manada.

Los lobos también impactan los bosques cuando se alimentan de castores. Los castores prefieren roer árboles frondosos que árboles de hoja perenne. Si no hay depredadores cerca, se alejan de sus refugios para encontrar sus árboles favoritos. Sin embargo, cuando hay lobos cerca, los castores van a lo seguro. Se quedan cerca de sus refugios y roen los árboles más cercanos. Esto protege a los árboles frondosos de la región.

La mayoría de los lobos viven entre seis y ocho años en libertad. Muchos mueren antes. Algunos pueden llegar a los 13 años.

Se teme a los lobos porque son depredadores, pero no merecen su mala fama. Son juguetones y leales. Son salvajes, tímidos y feroces. Son una parte importante de los bosques y las cadenas alimentarias sanas. Los lobos son hermosos símbolos de la naturaleza.

--- FAMLIA DESTACADA ---

La práctica hace al maestro

La primera lobezna gris es ahora una joven adulta. Ha crecido, pero los lobos nunca superan el deseo de jugar. Jugar juntos refuerza los lazos entre los miembros de la manada. La hembra baja las patas delanteras, levanta las ancas y mueve la cola. Un lobo mayor juega a perseguirla. Más tarde, lucha con sus hermanos. Utilizan huesos y palos como juguetes. La hembra se pavonea con un hueso de zorro. Lo lanza al aire y luego lo agarra. Cuando un hermano se abalanza sobre ella y se lo roba, ella lo persigue para recuperar su juguete.

LOS LOBOS
cazan animales que son
10 VECES
su propio tamaño.

8 AÑOS

▸ Da a luz a la última camada de cachorros.
▸ Los dientes se desgastan, lo que dificulta la caza y la alimentación.

▸ Fin de la vida.

CAPÍTULO CUATRO

AYUDANDO A LOS LOBOS A SOBREVIVIR

La mayor amenaza para los lobos es el odio humano. Muchas culturas nativas americanas celebran la fuerza y la belleza de los lobos. Es una actitud poco común. La mayoría de la gente asocia a los lobos con villanos de cuentos de hadas como «Caperucita Roja». Los lobos rara vez llegan a ser héroes.

Hace cientos de años, vivían en Norteamérica dos millones de lobos grises. En la década de 1950, los cazadores habían matado a casi todos. La Ley de Especies Amenazadas de 1973 protegió a los lobos. Su número aumentó. En 1995, los lobos volvieron al Parque Nacional de Yellowstone, donde no vivían desde hacía casi 100 años. En 2020, vivían unos 7,500 lobos en el territorio continental de Estados Unidos.

Entonces, las leyes volvieron a cambiar. Los lobos perdieron parte de su protección. Algunos estados de EE. UU. permiten cazar lobos. En 2021, el estado de Idaho aprobó leyes que permiten matar al 90 por ciento de sus lobos. Los cazadores pueden utilizar lentes de visión nocturna y disparar desde helicópteros. Estos métodos son ilegales para cazar a la mayoría de los demás animales.

Algunas personas que viven cerca de los lobos dicen que tienen miedo de ser atacadas. Algunos cazadores dicen que los lobos matan a todos los uapitíes y otros animales de caza mayor. Algunos ganaderos dicen que los lobos pueden matar a sus vacas u ovejas. Los estudios de investigación no respaldan estas afirmaciones. Demuestran que los lobos hacen que las poblaciones de uapitíes sean más sanas matando a los animales más viejos y débiles. También demuestran que los lobos rara vez atacan a las personas o al ganado.

A medida que los humanos construyen más carreteras, granjas y casas, los lobos pierden su hábitat. El lobo rojo de Carolina del Norte está en peligro crítico. Quedan menos de 50 animales. Sin embargo, algunos lobos están encontrando maneras de sobrevivir. En general, los lobos grises tienen una población estable. A principios de la década de 2020, había unos 18,000 lobos grises en Estados Unidos.

Los grupos de **conservación** trabajan para proteger a los lobos. Reservan tierras donde pueden vivir manadas de lobos. Colocan dispositivos de seguimiento a los lobos rojos para estudiarlos y disuadir a los cazadores. Recogen cachorros de lobo nacidos en cautiverio y los colocan con lobos rojos salvajes. Muchos zoológicos y centros de vida salvaje cuidan a los lobos. Permiten a los visitantes acercarse a los lobos y aprender sobre su importancia para el medio ambiente.

Los seres humanos de todo el mundo admiran, aman o desprecian a los lobos. Sólo a través de la educación y la ciencia, más personas podrán aprender a apreciar a estos increíbles animales.

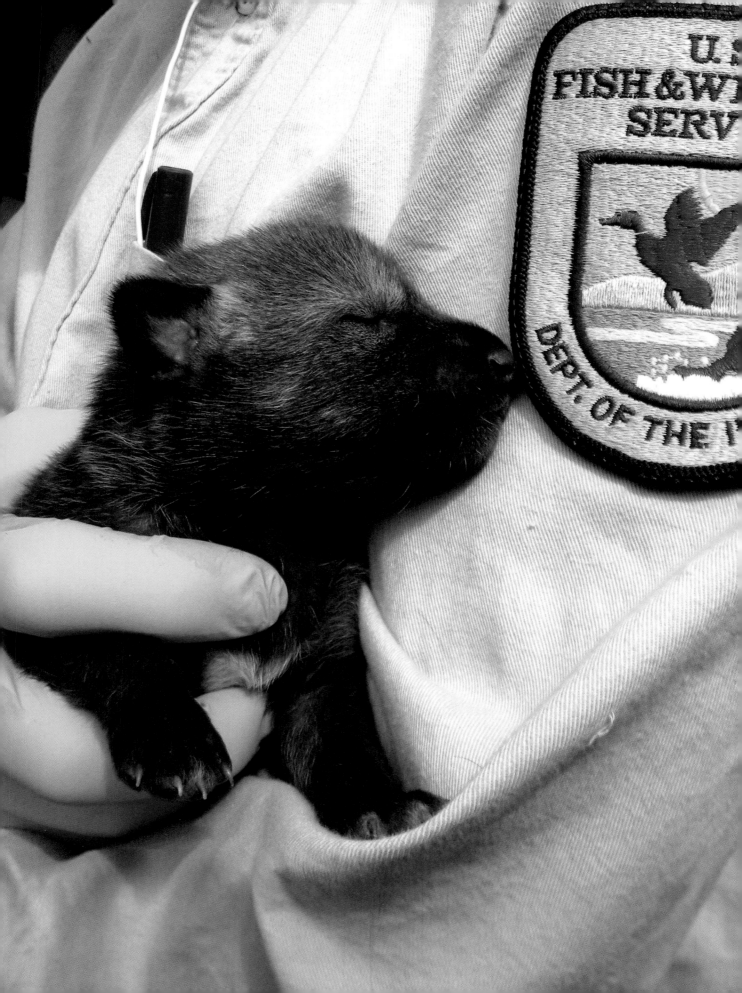

INSTANTÁNEAS
DEL ÁLBUM FAMILIAR

Los **lobos árticos** tienen el pelaje blanco todo el año.

Los **lobos rojos** son la única especie de lobo que sólo vive en Estados Unidos.

La rabia mata a muchos **lobos etíopes**. Para ayudar a protegerlos, los científicos les dan carne de cabra inyectada con vacunas antirrábicas.

Los **lobos del valle del Mackenzie** podrían ser los más grandes. El más pesado registrado tenía 175 libras (79 kg).

Los **lobos grises** no hibernan. Para mantenerse calientes, la madre y sus cachorros permanecen en una madriguera durante unas semanas cuando los cachorros nacen.

Los lobos orientales pasaron a llamarse **lobos algonquinos** en 2016. A medida que los científicos aprenden más, a menudo renombran o reclasifican las especies y subespecies de lobo.

Los **lobos grises mexicanos** viven en el norte de México y el suroeste de Estados Unidos.

Los **lobos costeros** de la isla de Vancouver comen animales acuáticos. Cazan salmones, nutrias y focas.

Los pequeños **lobos árabes** pesan unas 40 libras (18 kg). Tener orejas grandes y un pelaje fino ayuda a estos animales a sobrevivir en su hábitat desértico.

Los **lobos del Himalaya** viven en regiones frías y montañosas. Tienen un pelaje bastante grueso y a veces se les llama lobos lanudos.

Los **dingos** son perros salvajes de Australia. La mayoría de los científicos creen que los dingos son una subespecie de los lobos.

Los **lobos de Groenlandia** suelen vivir en manadas de sólo tres animales.

PALABRAS que hay que saber

ADN Abreviatura de *ácido desoxirribonucleico*; moléculas del interior de un ser vivo que contienen su información genética y determinan su especie y características.

alfa El que lidera; una manada de lobos tiene una hembra alfa y un macho alfa.

carnívoros Animales que se alimentan principalmente de carne.

circulación En este caso, el movimiento de la sangre por el cuerpo para distribuir calor y energía.

conservación Gestión planificada de un recurso, como la tierra o la fauna, para preservarlo y protegerlo.

corporales Pertenecientes o relativos al cuerpo.

depredadores ápice Animales en la cima de la cadena alimentaria que no son cazados por ningún otro animal salvaje.

destetados Capaces de comer alimentos sólidos; que no dependen de la leche materna.

especies Un grupo de seres vivos con características compartidas y que se pueden reproducir entre ellos.

inanición Desnutrición o debilidad extrema por falta de alimento.

lobeznos Cachorros de lobo.

regurgitan Que devuelven o vomitan los alimentos.

subespecies Tipos o variedades de seres vivos dentro de una especie.

Visita

CALIFORNIA WOLF CENTER

Haz un recorrido para conocer a las manadas de lobos embajadoras y aprende sobre los esfuerzos de conservación.

Tall Pine Rd. & K Q Ranch Rd.

Julian, CA 92036

INTERNATIONAL WOLF CENTER

Visítalo para aprender sobre los lobos, su relación con la tierra y con los humanos.

1396 Highway 169

Ely, MN 55731

WOLF CONSERVATION CENTER

Asiste a un programa y conoce a los lobos embajadores.

7 Buck Run St.

South Salem, NY 10590

ÍNDICE ALFABÉTICO